한국인의 정서를 담아낸 자연주의 태교

뱃속아기와 나누고 싶은

음악
태담

한울림

엄마와 아기가 함께 떠나는 음악 여행

엄마 뱃속에서부터 아기의 삶은 시작됩니다

아기가 생긴 그 날부터 엄마 뱃속에는 '새로운 세계'가 열립니다. 정말 놀랍고 아름다운 세계지요.

서양에서는 아기가 엄마 뱃속에 머무르는 시간을 나이로 치지 않아, 갓 태어난 아기는 0살이고 1년이 지나야 한 살이라고 하지요. 하지만 우리 나라에서는 옛날부터 갓 태어난 아기 나이를 한 살로 치고 1년이 지나면 두 살이 되었다고 했습니다. 슬기롭게도 우리 할머니 할아버지들은 엄마 뱃속에서부터 아기의 삶이 시작된다고 본 것이지요.

그래서 아기가 생기면 나쁜 것은 듣지도 보지도 입에 담지도 않으려고 했습니다. 또 먹는 것도 가려 먹고 개를 꾸짖는 것까지도 삼갔지요.

아기는 엄마 뱃속에서 차츰 모든 감각이 깨어나고, 여러 가지 소리를 들으면서 자랍니다. 아기에게 좋은 소리, 좋은 음악을 들려줘야 할 까닭이 바로 여기 있지요.

좋은 나무에 좋은 열매가 열립니다

아기는 엄마의 모든 것을 받으며 자랍니다. 엄마가 기쁠 때 아기도 기쁘고, 엄마가 슬플 때 아기도 슬픕니다. 엄마가 평화로울 때 아기도 평화롭고, 엄마가 힘들 때 아기도 힘이 듭니다.

태교음악은 아기만을 위한 음악이 아닙니다. 태교음악은 '엄마와 아기를 위한 음악'이지요. 엄마에게 좋은 음악이 아기에게도 좋은 음악이고, 아기에게 좋은 음악이 엄마에게도 좋은 음악이지요.

발에 맞는 신을 신어야 발이 편하듯 아무리 좋은 클래식 음악이라도 엄마가 싫어하거나 지겨워하면 엄마에게도 아기에게도 좋은 음악이 아닙니다. 마음이 환해지고 착해지는 음악, 편안하고 즐거워지는 음악이라면 클래식이든 재즈든 대중음악이든 국악이든 동요든 그게 바로 엄마와 아기에게 '좋은 음악'인 것이지요.

사람의 마음과 꿈이 깃든 음악, 자연을 닮은 음악을 들으세요

세상에 있는 음악이 모두 좋은 음악은 아닙니다. 좋은 음악도 있고 나쁜 음악도 있고 그저 그런 음악도 있고 그런대로 괜찮은 음악도 있습니다. 사람마다 조금 다르겠지요.

누구에게나 좋은 음악이 있다면 어떤 음악일까요?
좋은 음악은 자연과 닮은 음악입니다.
사람의 마음과 꿈이 깃든 음악입니다.
우리 전통 태교에도 '자연과 음악을 가까이 하라'는 얘기가
나오지요. 아기에게 화학조미료나 방부제가 잔뜩 든 음식을
먹여서는 안 되듯, 아무 음악이나 들려줄 수는 없지요.
고운 마음빛깔(정서)을 가진 아이, 상상력과 창의력이 넘치는 아이,
맑고 따뜻한 가슴을 가진 아이, 생각이 넓고 깊은 아이를 바란다면,
아름다운 시와 노래의 씨앗을 아기에게 듬뿍 뿌려 주어야 하겠지요.
이 책과 음반에 담겨 있는 시와 음악뿐 아니라,
세상에 있는 시와 음악 가운데 좋은 것들을 찾아 아기와 함께
아름다운 음악의 세계로 떠나보세요.

엄마와 아기가 함께 떠나는 음악 여행

태교란 이름을 붙인 음반이 많이 있습니다.
거의 다 오래 전에 만든 클래식 음악을 모아놓거나 잘 알려진
동요를 모아놓은 음반이지요.
《뱃속아기와 나누고 싶은 음악태담》은 그런 음반들과는 달리
모두가 새로 만든 음악이지요. '우리나라 엄마와 아기를 위한
음악이 있어야 한다'는 생각에서 이 일을 시작했습니다.
여기 담긴 음악의 바탕에는 우리말과 가락, 자연의 소리가 숨쉬고
있지요. 오래오래 두고 여러 차례 들어도 싫증나지 않고
늘 새로울 수 있도록, 사람의 손맛이 배어 있는 자연 악기와
우리 빛깔이 잘 살아나는 우리 악기들을 많이 썼지요.
봄 햇볕처럼 따뜻하고 여름 개울물처럼 시원하고 가을 하늘처럼
맑고 겨울 눈길처럼 아름다운 음악을 담고 싶었습니다.
이 음악들이, 세상에 하나뿐인 아기와 세상에 하나뿐인 엄마의
마음밭에 민들레 씨앗처럼 둥둥 날아가 사뿐 내려앉기를 꿈꿉니다.

백창우/시 쓰고 노래 만드는 사람
www.100dog.co.kr

'자연의 소리에 귀를 담아라'

고대에서 현대에 이르기까지 음악에 관한 한 일관된 한 마디가 있다. "음악은 참으로 인간의 영혼을 치료해 주는 명약이다"라는 말이다. 누구나 음악을 듣고 기분 좋아진 경험이 있을 것이다. 이는 음악의 음률과 리듬 또는 멜로디가 인간이 살아가는 리듬과 밀접한 관계가 있기 때문이다. 편안한 음악을 들으면, 인체의 감각은 적당히 자극되며 근육은 적절히 이완된다. 뇌의 활성호르몬 분비를 촉진하여 기분을 유쾌하게 하고 안정시키는 심리적인 효과도 있다. 이는 음악이 인간의 마음에 진한 호소력을 갖고 있다는 증거이다.

그렇다면 편안한 음악, 좋은 음악은 어떤 것일까? 특히 엄마와 뱃속아기에게 좋은 음악은 무엇일까? 일반적으로 팝송이나 가요는 유행을 탄다. 예전에 유행했던 노래를 다시 들으면 싫증이 나기도 한다. 들으면 짜증이 나는 음악도 있다. 그런데 우리들이 소위 명곡(名曲)이라고 하는 음악과 시냇물 소리, 빗소리, 새 소리, 소 울음 소리, 나뭇잎 소리 같은 자연의 소리는 듣고 또 들어도 들을 때마다 기분이 좋아지고 마음이 안정된다. 그 이유는 무엇일까?

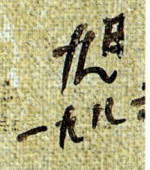

음악심리학자들은 그 이유를 자연이 내는 여러 가지 소리들에는 대자연 속의 '생명의 리듬'이 담겨 있기 때문이라고 설명한다. 이것을 전문적으로는 'F분의 1(1/F)의 흔들림'이라고 하는데, 이 흔들림은 '일정하지 않은 미묘한 법칙에 의한 리듬'으로 카오스(chaos)적인 리듬이라고도 한다. 그리고 명곡에는 이런 생명의 리듬이 많이 포함되어 있기 때문에 자연의 소리와 유사한 효과를 나타낸다고 주장하는 학자들이 있다.

실제로 나는 임산부에게 자연 음향과 뇌의 알파파를 형성케 하는 음향 자극을 들려준 뒤에 임산부의 정서 변화가 태아의 심박동에 어떤 영향을 주는지 연구했다. 그 결과 놀랍게도, 태아 심장의 자율신경계를 성숙시킨다는 사실을 발견하였다. 지속적으로 듣는 자연 음향과 뇌의 알파파 생성 음향이 태아의 성숙도를 촉진할 수 있다는 이 연구 성과는 미국 뉴욕에서 개최된 제15차 세계 태아의학회에 발표되었고, 본 연구의 공동연구자인 중국의 장수천(張秀泉) 교수는 현재 중국에서 중국의 고전 음악을 이용하여 이와 동일한 연구를 진행하고 있다.

우리 전통 태교에서도 일찍이 음악과 자연을 가까이 하라는 가르침이 있었다. 칠태도 제4도에서 품위가 있는 음악들을 가까이 하라는 '예악(禮樂)'이 그것이고, 제6도에 '풍입송(風入松)' 또한 그것이다. 특히 풍입송은 내가 좋아하는 구절로, '임산부는 자연을 가까이 하고, 자연의 소리에 귀를 담아라' 하는 뜻이다.

태교음악은 엄마의 영혼을 치료하는 음악이며, 뱃속아기의 영혼에 영향을 미칠 음악이다. 그리고 그 근본은 자연에서 찾을 수 있다.

악성(樂聖) 베토벤은 '음악은 어떠한 지혜, 어떠한 철학보다도 높은 계시(啓示)'라고 하였다. 우리 세상을 좋은 음악이 충만한 세상으로 만들 필요가 여기에 있다.

박문일/한양대 산부인과 교수·대한태교연구회 회장

덧붙이는 말

1. 음악을 들을 때 너무 크게 듣지 마세요. 엄마 뱃속에는 여러 소리들이 나고 있어서 어쩌면 아기에게 조금 시끄러울 수도 있거든요.

2. 음악 사이사이에 아기에게 하고 싶은 얘기를 조그맣게 들려주세요.

"이 노래를 잘 들어보렴. 엄마가 널 위해 마련한 거야"라든가, "이 소리는 시냇물 소리야. 어때, 참 좋지?" 뭐 이렇게 말이지요.

3. 여기 있는 음악에 어느 정도 친해지면 이따금 음악을 끄고 엄마 목소리로 노래하거나 흥얼거려 보세요. 아기에게 어떤 음악보다도 아름다운 음악은 바로 어머니가 스스로 들려주는 말과 시와 노래이지요.

4. 아기가 태어난 뒤에도 가끔 여기 있는 음악을 들려줘 보세요. 아마 아기는 금방 알아채고 반가워할 겁니다. 아기가 뱃속에 있을 때 엄마가 들려주던 그 음악인 걸 잊지 않고 있을 테니까요.

순서

1. 〈아가, 무슨 노랠 들려줄까〉
   백창우 시·곡 | 이수진 노래

2. 〈내가 조그만 별 하나 품고 있다는 걸 누가 알까〉
   백창우 시·곡 | 김은희 노래

3. 〈봄나들이〉
   백창우 작곡 | 삽살개 친구들 연주

4. 〈꽃밭〉
   백창우 시·곡 | 김가영·이수진 노래

5. 〈아기 꽃노래〉
   전래노랫말·백창우 작곡 | 이수진·굴렁쇠 아이들 노래

6. 〈제비꽃〉
   백창우 작곡 | 삽살개 친구들 연주

7. 〈큰산〉
   이문구 시·백창우 작곡 | 이수진 노래

8. 〈나무노래〉
   전래노랫말·백창우 작곡 | 김현성 노래

9. 〈꼬부랑 할머니〉
   백창우 작곡 | 삽살개 친구들 연주

10. 〈가랑비 이슬비〉
    전래노랫말·백창우 작곡 | 이수진·굴렁쇠 아이들 노래

11. 〈달 따러 가세 별 따러 가세〉
    전래노랫말·백창우 작곡 | 김은희·굴렁쇠 아이들 노래

12. 〈해야 해야 잠꾸러기 해야〉
    백창우 시·곡 | 굴렁쇠 아이들 노래

13. 〈낮잠〉
    윤일주 시·백창우 작곡 | 김가영 노래

14. 〈엄마품〉
    전래노랫말·백창우 작곡 | 김가영·이지상 노래

15. 〈아침〉
    백창우 작곡 | 삽살개 친구들 연주

16. 〈영치기 영차〉
    박소농 시·백창우 작곡 | 김은희 노래

17. 〈우리들의 아기는 살아있는 기도라네〉
    고정희 시·백창우 작곡 | 다함께 노래·이지상 낭송

18. 〈그대의 날〉
    백창우 작곡 | 삽살개 친구들 연주

아가, 무슨 노랠 들려줄까

백창우 시·곡 | 이수진 노래

아가, 너를 위해 무슨 시를 들려줄까

아가, 너를 위해 무슨 노랠 들려줄까

이 세상 모든 꽃들이 널 위해 피어나고

이 세상 모든 별들이 널 위해 빛나는 걸

아가, 너를 위해 무슨 시를 들려줄까

아가, 너를 위해 무슨 노랠 들려줄까

딸
그
랑
딸
그
랑,

종소리가 참 예쁘지.

바람이 살랑살랑 부는 모양이구나.

아가, 널 위해 무슨 시를 들려줄까.

아가, 널 위해 무슨 노랠 들려줄까.

시 하나는 씨앗 하나란다.

노래 하나는 씨앗 하나란다.

아가, 네 마음밭에 시 하나 묻고,

노래 하나 묻고,

고운 꽃 필 그 날을 꿈꾼단다.

엄마의 콧노래 소리가 너도 들리지.

아기에게 날마다
시를 들려주는 엄마는,

아기에게 날마다
노래를 들려주는 엄마는,

이 세상에서 가장 아름다운 사람입니다.

내가 조그만 별 하나
품고 있다는 걸 누가 알까

백창우 시·곡 | 김은희 노래

내가 조그만 별 하나 품고 있다는 걸 누가 알까

내가 눈뜰 때 함께 눈뜨고

내가 잠들 때 함께 잠드는

고운 별 하나 품고 있다는 걸

내가 노래할 때 함께 노래하고

내가 춤출 때 함께 춤추는

신기한 별 하나 품고 있다는 걸

네가 내 안에 있고부터 하루가

너에게서부터 시작되고

날마다 온 방안에

꽃

향

기

가

득

하

네

사람들은 잘 모를 거야,

내가 조그만 별 하나 품고 있다는 걸 말야.

아가, 그 별은 바로 너란다.

엄마를 환히 비추고

온 집안을 환히 비추고

온 세상을 환히 비추는 별.

엄마가 잠들 때 함께 잠들고

엄마가 꿈꿀 때 함께 꿈꾸는 별.

그 별이 바로 너란다.

네 움직임 하나 하나에

온 우주가 귀를 기울인다는 걸

너는 알고 있니?

아기를 가진 엄마는

한 우주를 품고 있는 거와 같지요.

꽃씨 하나에도 온 우주가 숨쉬고,

나뭇가지 하나가 흔들릴 때마다

온 우주가 흔들린답니다.

당신은 지금 우주를 품고 있습니다.

봄나들이

백창우 작곡 | 삽살개 친구들 연주

봄이 오면 잠자던 것들이 다 깨어난단다.

오늘은 엄마랑 함께 봄길을 천천히 걸어가 볼까,

생명의 기운이 움트는 걸 느낄 수 있을 거야.

맑은 시냇물 소리가 들리지? 마음이 다 깨끗해지는 것 같구나.

새 소리도 들리고, 멀리 소 우는 소리도 들리는구나.

해금 소리하고 피리 소리가 꼭 장난꾸러기 아이의 걸음걸이 같지 않니?

'삑삑' 하는 재미있는 소리는

앞으로 네가 갖고 놀게 될 장난감에서 나는 소리야.

이런 시가 생각나는구나.

토끼풀꽃 따서
목걸이 만들고
민들레꽃 따서
시계 만들고
씀바귀꽃 따서
꽃다발 한아름
우리 아기 봄나들이
꽃밭이었네
　　　－이문구 시 〈봄나들이〉

시냇가에, 길섶에, 온 들과 산에
갖가지 꽃들이 피었구나.
아가,
네가 있어
엄마는
날마다
봄날 같구나.

꽃보다 예쁘게 활짝 피어날 아기가 있어
엄마는 언제나 행복하지요.
어떤 슬픔도 이겨낼 수 있지요.

꽃밭

백창우 시·곡 | 김가영·이수진 노래

아가, 네 마음의 뜰에 온갖 꽃들을 심어줄게

그 고운 꽃향기 속에 좋은 꿈 꾸럼

접시꽃 붓꽃 달개비꽃 나팔꽃

채송아 봉숭아 맨드라미

냉이꽃 분꽃 쑥부쟁이 질경이

개나리 민들레 애기똥풀

등꽃 초롱꽃 도라지꽃 감자꽃

살구꽃 자두꽃 복숭아꽃

아가,

우리가 사는 땅에는

철마다 온갖 꽃들이 피어난단다.

크기도 다르고

모양도 다르고

빛깔도 다르고

향기도 다른 꽃들이

저마다 다른 이름을 갖고 스스로 피어난단다.

이 세상엔 꽃이 얼마나 많은지 몰라.

엄마도 그 가운데 아주 조금밖에는 모르지.

너도 아마 나중에 깜짝 놀랄 거야.

우리 땅에 나는 꽃들의 이름을

하나 하나 부르다 보면 마음이 환해지지요.

씨앗을 품고 있는 꽃들처럼

우리 아기도 꿈(가능성)의 씨앗을

가득 품고 있겠지요.

아주 까맣고 조그마한 씨앗이지만

소리 없이 아침을 깨우며

피어나는 나팔꽃처럼,

우리 아기도 어느 날

고운 꽃으로 피어나겠지요.

아기 꽃노래

전래노랫말 · 백창우 작곡 | 이수진 · 굴렁쇠 아이들 노래

호박꽃을 따서는
무얼 만드나
우리 아기 조고만
촛불 켜주지

감꽃을 따서는
무얼 만드나
우리 아기 예쁜
목걸이 만들지

나팔꽃을 따서는
무얼 만드나
우리 아기 아침마다
뿌뿌 불어주지

아기 웃음소리랑 옹알이 소리가 들리지,
골목에서 아이들 뛰노는 소리도 들리고.
'뿌뿌' 하는 바순 소리는
아버지나 할아버지 소리 같고
해금이랑 오보에는
어머니나 할머니 소리 같지 않니?
노래가 끝나고 난 뒤 막 달려가는 기타 소리는
즐거운 뜀박질처럼 가볍고 환하지.

아가,
이렇게 네가 있어 모두가 즐겁고
행복하단다.

아기가

우리 곁에 있음으로
모든 풍경이 다르게 보이고
모든 소리가 다르게 들리지요.
아기가 있는 세상은
또 다른 세상입니다.

제비꽃

백창우 작곡 | 삽살개 친구들 연주

아가,

제비꽃은 아주 조그마하지만 참 예쁜 꽃이란다.
밭둑이나 산자락에 저만치 혼자 피어 있기도 하고
여럿이 모여 있기도 하지.

제비꽃이 생글생글 웃는다.
제비꽃이 하늘 보고 웃는다.
우에 조르크룽 피었노,
참 이뿌다.

시골 아이가 쓴 〈제비꽃〉이란 시란다.
음악을 잘 들어 보렴.
여기저기 꽃이 아름답게 피어난
들길을 걸어가는 것 같지 않니?

이 음악을 듣다 깜박 잠이 들어,
제비꽃 핀 들길을 걷는 꿈이라도 꿀 수 있다면
얼마나 좋을까요.
조그만 보랏빛 새가 앉은 것처럼
예쁘디 예쁜 제비꽃.

큰산

이문구 시 · 백창우 작곡 | 이수진 노래

우리 동네 큰산은

높고 높아서

여름에 비바람

먼저 맞고

겨울에 눈보라

먼저 맞지만

저녁에 보름달

먼저 오르고

아침에 붉은 해

먼저 오른다

흙 속에서 잠자던 조그만 씨앗도 때가 되면
싹을 틔우고 날마다 점점 자라난단다.

비와 바람과 햇볕,
눈과 이슬과 달빛,
크고 작은 온갖 소리들을 들으며
날마다 몸과 마음이 자라난단다.
어떤 씨앗은 한 포기 풀이 되고
어떤 씨앗은 한 그루 나무가 되어,
저마다 크기가 다른 그늘을 만들고
저마다 빛깔과 향기가 다른 꽃을 피운단다.
아가, 너는 엄마의 사랑을 받고 크는 작은 씨앗이란다.
늘 네 곁에는 엄마가 있어.
네가 잘 자랄 수 있도록 엄마가 지켜줄게.

아기에게 엄마는 큰 나무입니다.
아기에게 엄마는 큰 산입니다.
언제나 아기를 따뜻하게 품어주는
큰 나무, 큰 산입니다.
조그만 씨앗이던 아기도
엄마의 사랑 속에 조금씩 자라나
언젠가는 엄마를 품어줄 수 있는
큰 나무, 큰 산이 되겠지요.

나무노래

전래노랫말 · 백창우 작곡 | 김현성 노래

가자가자 갓나무 오자오자 옻나무
가다보니 가닥나무 오자마자 가래나무
한 자 두 자 잣나무 다섯 동강 오동나무
십 리 절반 오리나무 서울 가는 배나무

너하구 나하구 살구나무 아이 업은 자작나무
앵도라진 앵두나무 우물가에 물푸레나무
낮에 봐도 밤나무 불 밝혀라 등나무
목에 걸려 가시나무 기운 없다 피나무

꿩의 사촌 닥나무 텀벙텀벙 물오리나무
그렇다고 치자나무 깔고 앉아 구기자나무
이놈 대끼놈 대나무 거짓말 못해 참나무
빠르구나 화살나무 바람 솔솔 솔나무

끝이 없는 노래란다. 세상엔 나무가 아주 많아.
키 큰 나무 키 작은 나무, 굵은 나무 가는 나무,
나이가 많은 나무 어린 나무 ……
이름도 다 다르지.

느티나무 벚나무 쥐똥나무 은행나무 향나무 버드나무 팽나무
찔레나무 으름나무 머루나무 다래나무 탱자나무 사과나무
복숭아나무 대추나무 감나무 모과나무 뽕나무 이팝나무 조팝나무 ……

처음에 하모니카로 부는 노래는
엄마가 어릴 때 많이 불렀던 〈산바람 강바람〉이란 노래야.
그리고 다음에 이어 나오는 〈나무노래〉를 잘 들어보면
북소리도 들리고 종소리도 들리지?
노래 사이에 들리는 악기는 실로폰이고,
노래 끝나고 난 뒤에 나는 소리는 딸랑이야.
나중에 엄마가 다 마련해줄게,
네가 실컷 갖고 놀 수 있도록.

엄마는 아기에게
나무와 같은 존재지요.
그 그늘에 쉬기도 하고,
잡고 일어서기도 하고,
슬프고 힘들 때 꼭 끌어안기도 하고,
가지에 올라가 먼 데를 바라보기도 하고.
뒷날엔 아기가 자라 엄마의 나무가 되겠지요,
좋은 그늘을 가진.

꼬부랑 할머니

백창우 작곡 | 삽살개 친구들 연주

산도 꼬부랑

길도 꼬부랑

시냇물도 꼬부랑

나무도 꼬부랑

고개도 꼬부랑

구름도 꼬부랑

굴뚝 연기도 꼬부랑

할머니도 꼬부랑

지팽이도 꼬부랑

강아지 꼬리도 꼬부랑 ……

아가,

옛날부터 전해 내려오는 노래 가운데

〈꼬부랑 할머니〉란 전래동요가 있어. 들어볼래?

꼬부랑 할머니가 꼬부랑 지팽이를 짚고

꼬부랑 개를 데리고 꼬부랑 고개를 넘다가

꼬부랑 똥이 마려워 꼬부랑 나무에 올라가

꼬부랑 똥을 누니

꼬부랑 개가 와서 꼬부랑 똥을 먹으니

꼬부랑 할머니가 꼬부랑 지팽이로

　　　　꼬부랑 개를 때리니

　꼬부랑 깽

　꼬부랑 깽

해금 소리가 할머니말투 같기도 하고,
할머니 걸음걸이 같기도 하진 않나요?
이런 시가 있지요.
이 음악의 바탕이 된 시지요.

꼬부랑 깡깡이 할머니는
지팽이 짚고서 어디 가나
꼬부랑 고개를 넘어가서
솔방울 주으러 가신단다
꼬부랑 깡깡이 할머니는
저녁에 어디서 혼자 오나
꼬부랑 고개를 넘어가서
솔방울 이고서 오신단다
－최영애 시 〈꼬부랑 할머니〉

옛날 이야기 같은 노래지요. 이따금 짤막하고
재미있는 옛날 이야기를 들려주면 아기가 좋아할 거예요.
엄마한테도 좋구요. 나중에 아기가 자랄 때
다시 들려주면 아기가 더 좋아할걸요.

가랑비 이슬비

전래노랫말 · 백창우 작곡 | 이수진 · 굴렁쇠 노래

가라고 가랑비

있으라고 이슬비

비야 비야 가랑비야

까치 동동 이슬비야

소리없이 내리거라

하루종일

아가, 너도 빗소리가 들리지?
처음 나오는 노래는 '구슬비'란 노래인데,
비 오는 날이면 엄마가 즐겨 부르던 노래란다.

송알송알 싸리잎에 은구슬
조롱조롱 거미줄에 옥구슬
대롱대롱 풀잎마다 총총
방긋 웃는 꽃잎마다 송송송

비가 오면 괜히 장화 신은 발로
물을 찰방찰방 밟으며 걷기도 하고, 우산을 쓴 채
쪼그려 앉아 조그만 도랑을 만들기도 하고 그랬지.
비옷을 입고 밖에 나가면 마음이 왠지 뿌듯해지고
무서울 게 하나도 없던 그런 기억도 나는구나.
노래 뒤에 붙인 가락은 〈우산〉이란 노래인데,
비 오는 날 듣는 멜로디언 소리가
참 그럴듯하지?
너도 뒷날 이 노래를 부르게 될 거야.
잘 기억해 두렴.

비 오는 날,
아기에게도 빗소리를 들려주면
참 즐거워할 거예요.
자연의 소리는 그대로
아름다운 음악이니까요.

달 따러 가세 별 따러 가세

전래노랫말 · 백창우 작곡 | 김은희 · 굴렁쇠 노래

달 따러 가세

별 따러 가세

뒷동산 꼭대기로

장대 들고

달 따러 가세

별 따러 가세

소쿠리에 가득

망태에 가득

67

달이 환한 밤이구나. 뒷동산 오르는 길에 온갖 벌레 소리가 들리고,
앞서 가는 아이들 노랫소리가 점점 멀어지는구나.

> 달 달 무슨 달
> 쟁반같이 둥근 달
> 어디 어디 떴나
> 남산 위에 떴지

어릴 때 달 밝은 밤이면 이런 노래도 자주 불렀는데,
노랫말이 맞는지 모르겠어. 너무 오래 되어서 말이야.

> 아가야 나오니라 달 따리 기지
> 장대 들고 망태 메고 뒷동산으로
> 검둥개야 너도 가자
> 달 따러 가자

아가, 내 마음하늘에도 오늘은
둥근 달이 떠올라 너를 환하게 비춰줄 거야.

엄마와 아기의 세상은 동화와 같은 세상입니다.
있을 수 없는 것도 있을 수 있고,
어떤 꿈이라도 맘대로 꿀 수 있는 세상입니다.

해야 해야 잠꾸러기 해야

백창우 시 · 곡 | 굴렁쇠 아이들 노래

해야 해야 잠꾸러기 해야

이제 그만 나오렴

김칫국에 밥 말아먹고

이제 그만 나오렴

우리 한울이 추운 가슴

따뜻하게 품어주렴

냇둑 그늘진 곳

앉은뱅이꽃들도

아침 내내 너를 기다리느라

하늘만 본다

아가,

동네 아이들이 좁다란 길을 걸어

어디론가 가고 있구나.

노랫소리가 점점 작아지지?

소 울음 소리, 새 소리, 시냇물 소리 하고

아이들 목소리가 참 잘 어울리는구나.

아가,

사람은 자연 속에 있을 때 가장 아름답단다.

자연에서 멀어진 사람의 마음은 자꾸 딱딱해진단다.

아기 한울이를 위해 만들어 그 아이가 자랄 때까지
불러준 자장노래지요. '한울'이란 이름 자리에 아기의
이름을 넣어 엄마 목소리로 들려주면 좋겠지요.

낮잠

윤일주 시 · 백창우 작곡 | 김가영 노래

따가운 지붕엔
잎사귀를 덮고서
박 하나 쿠울쿨
잠을 자고

그늘진 토담 밑
매미가 우는데
나팔꽃 꼬옵박
잠을 자고

부채질 시원한
할머니 무릎엔
애기가 새액색
잠을 자고

아가,
한잠 자렴.
고운 꿈 속에 쿨쿨 나비잠 자렴.
달콤한 자장노래를 들으며
냠냠 꿀잠 자렴.

아기가

세상에서 처음 만나는 노래는 자장노래지요.
엄마의 자장노래를 들으며 아기의 노래 여행은 시작됩니다.
엄마의 자장노래만큼 아기를
편한 꿈나라로 이끌 수 있는 노래는 없지요.
엄마의 노래를 들으며 잠들 수 있는 아기는
참 행복한 아이지요.

　　　엄마가 섬 그늘에 굴 따러 가면
　　　아기가 혼자 남아 집을 보다가
　　　바다가 불러주는 자장노래에
　　　팔 베고 스르르르 잠이 듭니다

지붕 위 박도 잎사귀를 덮고 쿠울쿨 자고,
토담 밑 나팔꽃도 매미 소리를 들으며 꼬옵박 잠을 자고,
우리 아기도 엄마의 자장노래를 들으며 새근새근 잠을 자고……
온 세상이 아기 숨소리에 귀를 기울입니다.

엄마품

전래노랫말 · 백창우 작곡 | 김가영 · 이지상 노래

새는 새는 나무에 자고 쥐는 쥐는 구멍에 자고
소는 소는 마구에 자고 닭은 닭은 홰에 자고
돌에 붙은 따개비야 나무에 붙은 솔방울아
나는 나는 어데 잘까 우리 엄마 품에 자지

칭얼칭얼 청삽사리 마루밑에 잠을 자고
넙덕넙덕 숭어새끼 바위틈에 잠을 자고
꼬글꼬글 꼬글할매야 쪼글쪼글 쪼글할배야
나는 나는 어데 잘까 우리 엄마 품에 자지

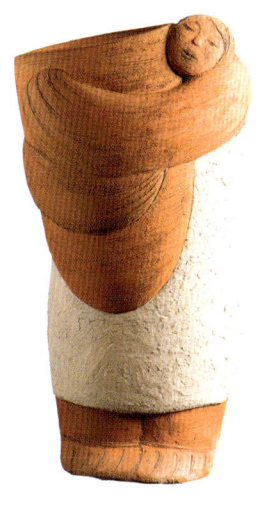

착한 아가, 잘 자고 있니?
새도 자고
쥐도 자고
소도 자고
닭도 자고
멍멍이도 자고
야옹이도 자고
다들 잠들었단다.

예쁜 아가, 엄마도 이참에 한잠 자야겠다.
좋은 꿈 꾸렴.

우는 아기도 엄마품에 안기면 울음을 그치지요.
엄마품만큼 포근하고 아늑한 데가 또 어디 있을까요.
누가 시키거나 가르쳐준 것도 아닌데, 엄마들은 아기에게
젖을 먹일 때 거의 다 왼쪽으로 안고 젖을 먹이지요.
그러면 아기는 엄마 뱃속에서 늘 들던 엄마의
심장 박동 소리를 느낄 수 있어 마음이 평온해진다고 하지요.
따뜻한 엄마품, 살 내음이 향기로운 엄마품,
심장 박동 소리가 둥둥 울리는 엄마품.

아침

백창우 작곡 | 삽살개 친구들 연주

아가,

아침은 하루의 시작이란다. 제일 기분이 좋을 때지.

커다란 해가 산을 넘어 떠오르고

세상 모든 것들이 잠에서 깨어난단다.

오늘은 무슨 좋은 일이 있을까, 뭐 신나는 일이라도 있을까,

콧노래가 저절로 나오는 때가 바로 아침이란다.

음악을 잘 들어보렴.

활기찬 아침이 느껴지지 않니?

오늘 엄마랑 어디 나들이라도 갈까?

아침이 있어 우리는

언제나 하루를 새롭게 시작할 수 있지요.
아침이 있어 날마다
새로운 세상을 열 수 있지요.
엄마의 아침은 아기로부터 시작됩니다.
늘 내 안에 숨쉬고 있는 아기가 있어
날마다 새로운 햇볕이 내리고
날마다 새로운 바람이 불고
날마다 새로운 음악이 들리지요.
첫아침 눈뜨는 나팔꽃처럼
엄마는 아기와 함께 눈을 뜹니다.
새로운 하루, 하루뿐인 하루를 시작합니다.

영치기 영차

박소농 시 · 백창우 작곡 | 김은희 노래

깜장 흙 속의 푸른 새싹들이
흙덩이를 떠밀고 나오면서
히-영치기 영차
히-영치기 영차

돌팍 밑에 이쁜 새싹들이
돌팍을 떠밀고 나오면서
히-영치기 영차
히-영치기 영차

흙덩이도 무섭지 않고
돌덩이도 무섭지 않은 애기싹들이
히-영치기 영차
히-영치기 영차

아가,

이제 네가 나올 때가 되었나 봐.

엄마 뱃속보다 훨씬 더 큰 세상,

엄청나게 큰 세상이 너를 기다리고 있단다.

힘차게 첫발을 내디디렴. 영차, 영차, 조금만 더 힘을 내렴.

때가 되었습니다.

조그만 씨앗이 때가 되면 잠을 깨고 땅 위로

고개를 내미는 것처럼, 이제 아기가 엄마 뱃속을 나와

세상에 첫발을 내디딜 때가 되었습니다.

배는 달만큼 부르고 가슴은 콩당콩당 뜁니다.

아기도 엄마도 조금은 겁이 나지만 이 정도쯤은 참을 수 있습니다.

이겨낼 수 있습니다. 이제 새로운 날들이 시작될 테니까요.

새로운 세상이 시작될 테니까요. 자, 힘을 내요.

온 세상 숨쉬는 모든 것들이 그대와 함께 있어요.

우리들의 아기는 살아있는 기도라네

고정희 시 · 백창우 작곡 | 다함께 노래 · 낭송 이지상

밤과 낮 오고가는 이 세계는

하늘과 땅으로 짝지어졌다네

둘은 서로 한몸 이루어 꽃과 나무를 키우며 산다네

하늘과 땅의 동그라미 속에서 한 아기가 태어나네

아기는 자라 무엇이 될까

아기는 자라 무엇이 될까

여자아기는 자라서 어머니가 되고

남자아기는 자라서 아버지가 된다네

둘은 서로 한몸 이루어 한 그리움으로 산다네

그리움의 태에서 미래의 아기들이 태어나네

그들은 자라 무엇이 될까

그들은 자라 무엇이 될까

우리들의 아기는 살아있는 기도라네

우리들의 아기는 살아있는 기도라네

우리 아기에게 해가 되라 하면 해로 솟을 것이네

우리 아기에게 별이 되라 하면 별로 빛날 것이네

우리 아기에게 희망이 되라 하면 희망으로 떠오를 것이네

우리 아기에게 길이 되라 하면 길이 될 것이네

누구나 우주의 주인으로 태어난다네

누구나 이 땅의 주인으로 걸어갈 수 있다네

우리들의 아기는 살아있는 기도라네

우리들의 아기는 살아있는 기도라네

아가,

해가 되렴.

별이 되렴.

희망이 되렴.

길이 되렴.

너는 이 땅의 주인이란다.

온 우주의 희망이고 길이란다.

어떤 시로도, 어떤 노래로도

너를 다 담을 수는 없지.

꿈꾸는 사람이 되렴.

사람과 자연과 모든 살아있는 것들을

아끼고 사랑하는 사람이 되렴.

아가,

사랑하는 우리 아가.

고정희 시인이 쓴

〈우리들의 아기는 살아있는 기도라네〉란 시를

작곡자가 조금 줄이고 노래에 맞게 다듬어 곡을 붙였지요.

아기는 희망의 다른 이름입니다.

아기는 민들레처럼 희망의 씨앗을 잔뜩 품고 있지요.

어떤 시보다 빛나고 어떤 노래보다 고운 우리 아기들이 있어

이 세상은 아직 아름답지요.

어떤 음악이든 끝이 나지만 시냇물 소리는 끝이 없지요.

우리 아기들이 있어 이 세상이

끝없이 이어지는 것처럼 말이지요.

그대의 날

백창우 작곡 · 삽살개 친구들 연주

아가, 참 기쁘구나.

이렇게 너를 안을 수 있다니. 온 세상을 다 안은 것 같구나.

네가 날마다 점점 자라는 걸 보면서

엄마는 늘 기쁘고 뿌듯하겠지.

네가 울고 웃고 말하고 노래하고 엎드리고

기고 뒹굴고 재채기하고 기침하고

딸꾹질하고 서고 걷고 뛰는 걸 보면서

엄마의 하루하루는 너무나 행복할거야.

축하해요.

아기가 태어남으로 세상은 그만큼 더 아름다워질 거예요.

아기를 사랑하는 사람들의 마음도 더 환해질 거구요.

날마다 새롭게 눈뜨는 삶,

날마다 새롭게 깨어나는 사랑이 서로를 빛나게 하겠지요.

소나기 지나간 들녘에 무지개다리 놓이듯

그대 작은 가슴 속에 늘 꿈 하나

숨쉬기를…

아름다운 시처럼

고운 노래처럼

그대의 삶 언제나

새

롭

게

빛

나

기

를

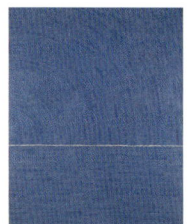

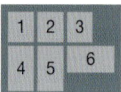

게재작품 목록

김환기 작품명

1. 무제, 면포에 유채, 254×203㎝, 1971년
2. 공기와 소리 I , 면포에 유채, 264×208㎝, 1973년
3. 새, 캔버스에 유채, 74×60㎝, 1958년
4. 무제, 신문지에 유채, 58×38㎝, 1968년
5. 구름과 달, 캔버스에 유채, 95×65㎝, 1962년
6. 달 둘, 캔버스에 유채, 22×41㎝, 1950년대

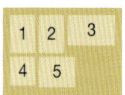

장욱진 작품명

1. 까치와 나무, 캔버스에 유채, 41×32㎝, 1986년
2. 나무, 캔버스에 유채, 41×32㎝, 1989년
3. 가로수, 캔버스에 유채, 22.2×40.2㎝, 1989년
4. 수안보 집, 캔버스에 유채, 26×24㎝, 1980년
5. 길, 캔버스에 유채, 12.7×17.3㎝, 1979년

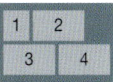

이중섭 작품명

1. 꽃과 어린이, 종이에 펜과 수채, 17×15.3cm
2. 환희, 종이에 에나멜과 유채, 29.5×41cm, 1955년
3. 봄의 어린이, 종이에 연필과 유채, 32.6×49cm
4. 해와 아이들, 종이에 유채와 연필, 32.5×49cm

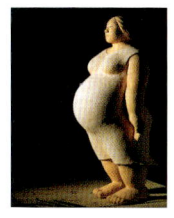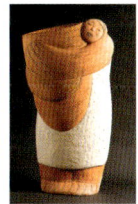

한애규 작품명

1. 바람맞이 I, 테라코타 1100, 40×37×88cm, 1993년
2. 생산-앉아있는 여인, 테라코타, 82×44×58cm, 2000년
3. 항아리와 여인, 테라코타, 48×34×87cm, 1998년
4. 봄-2000, 테라코타, 36×35cm, 2000년
5~7. 삼인조 부엌밴드 II, 테라코타, 68×26×89cm,
72×27×86cm, 66×27×86cm, 1999년

박순애 작품명

1~5. 꿈꾸는 닥종이 인형, 2000년

백창우
작곡가 · 가수 · 시인 · 음악 프로듀서.
시집 4권과 작곡집 9장을 냈고 〈노래마을〉 1 · 2 · 3집,
김광석 트리뷰트 앨범 〈가객〉을 비롯해 20장 가량의 음반을 기획 · 연출했으며,
시노래모임 〈나팔꽃〉 동인으로 나팔꽃이 펼치는 크고 작은 공연을 연출하고 있다.
인디레이블 〈노래나무〉와 백창우 노래작업실 〈개밥그릇〉을 운영하고 있으며,
우리나라에서 처음으로 어린이 음반사 〈삽살개〉를 만들어
전래동요와 창작동요를 음반과 책으로 내고 있다.
홈페이지 | www.100dog.co.kr

뱃속아기와 나누고 싶은
ⓒ백창우(글), 한울림(편집) 2002

노랫말 / 전래동요 · 백창우 · 윤일주 · 박소농 · 이문구 · 고정희
그림 / 김환기 · 이중섭 · 장욱진 · 한애규 · 박순애
글과 음악 / 백창우   펴낸이 / 곽미순   디자인 / design 시

펴낸곳 / 한울림   편집 / 이은영 윤도경 김하나 김연정   디자인 / 김민서 김윤희
마케팅 / 공태훈 심혜정   관리 / 김영석
등록 / 제 14-34호(1980년 2월 14일 제 318-1980-000007호)
주소 / 서울시 영등포구 당산로54길 11 래미안당산1차아파트 상가
대표전화 / (02)2635-1400   팩스 / (02)2635-1415
홈페이지 | www.inbumo.com   블로그 | blog.naver.com/hanulimkids

1판 1쇄 펴냄 2002년 2월 12일 / 1판 29쇄 펴냄 2015년 10월 12일
ISBN 978-89-85777-63-6 13590(음악 태담) / 978-89-85777-61-2 13590(set)